U0183315

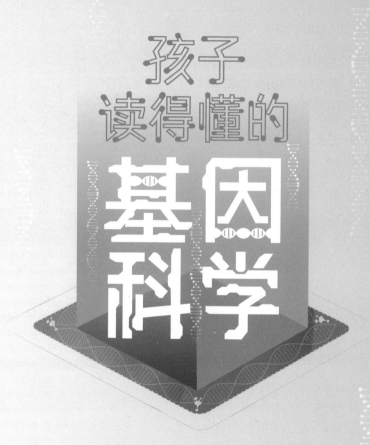

孩子读得懂的

基因科学

① 了不起的豌豆

张瑞洁 著 小未 绘

北京理工大学出版社
BEIJING INSTITUTE OF TECHNOLOGY PRESS

图书在版编目（CIP）数据

孩子读得懂的基因科学：全3册 / 张瑞洁著；小未
绘. -- 北京：北京理工大学出版社，2023.8
　ISBN 978-7-5763-2453-2

　Ⅰ.①孩… Ⅱ.①张… ②小… Ⅲ.①基因工程－少
儿读物 Ⅳ.①Q78

　中国国家版本馆CIP数据核字（2023）第105917号

出版发行 / 北京理工大学出版社有限责任公司
社　　址 / 北京市海淀区中关村南大街 5 号
邮　　编 / 100081
电　　话 / （010）68914775（总编室）
　　　　　（010）82562903（教材售后服务热线）
　　　　　（010）68944723（其他图书服务热线）
网　　址 / http://www.bitpress.com.cn
经　　销 / 全国各地新华书店
印　　刷 / 三河市金元印装有限公司
开　　本 / 787 毫米 × 1092 毫米　　1/16
印　　张 / 12　　　　　　　　　　　　　　责任编辑 / 徐艳君
字　　数 / 134千字　　　　　　　　　　　文案编辑 / 徐艳君
版　　次 / 2023 年 8 月第 1 版　2023 年 8 月第 1 次印刷　　责任校对 / 刘亚男
定　　价 / 69.00元（全3册）　　　　　　　责任印制 / 施胜娟

图书出现印装质量问题，请拨打售后服务热线，本社负责调换

青鸟童书
只做对得起时间的书

目 录

第一章　起个名字叫基因

传家宝
理论♡

第二章　基因是什么

第一章

起个名字叫
基因

1
基因是个
"传家宝"

在讲什么是基因之前，我们先来看两个有意思的传说吧。

1990 年，有人声称在黑海岸边发现了美人鱼的尸体，

从尸体上能够清晰地看到美人鱼尾巴上的鱼鳞和人身模样。

无独有偶，在同一时期，

希腊郊外的一处医院废墟里，

有考古队员称发现了半人马兽的骸骨，

骸骨高 2 米多，体重至少有 200 公斤，

但半人马兽死去的具体时间不得而知。

这么离谱的事能是真的吗？

当你开始思索这个问题，

我们的基因故事就开始了。

其实，不管传说描绘得多么有模有样，

世界上都不可能有会变成泡沫的小美人鱼，也不可能有强壮聪明的半人马兽。

因为你仔细观察就会发现，

不同物种之间仿佛有一道天然屏障，使它们无法拥有共同后代。

鱼的妈妈只能是鱼，而小马驹的妈妈只能是大马，

它们长相相似，生活习性也相似。

这就是我们在介绍基因科学时，必须要提到的——相似性。

当有人提出"为什么物种会有相似性"时，

代表着人类踏上了基因科学的探索之路。

提出这个疑问的人，名叫毕达哥拉斯，

他出生在约公元前 580 年的希腊半岛。

出生于富商家庭的他，对经商毫无兴趣，而是沉迷于数学、哲学领域的研究，

所以他时常想自己可能不是父亲的孩子，否则自己怎么没有经商头脑呢。

于是，毕达哥拉斯扯出了基因概念的线头

——为什么子女都长得像父母？

毕达哥拉斯是"数学之父"，他发现了著名的勾股定理和黄金分割。

擅长思考的毕达哥拉斯不仅提出了问题，

还找到了一个在当时相对合理的答案——父亲拥有决定"相似性"的"传家宝"。

虽然在当时不知道这个"传家宝"是什么，

但毕达哥拉斯很肯定"传家宝"会一代传给一代，

而这个理论，已经朦朦胧胧有了"基因"最初的影子。

随着时代的进步，毕达哥拉斯的"传家宝"理论也受到了质疑，
因为它无法解释为什么有些孩子长得和母亲一模一样。
同样生活在希腊半岛的另一位哲学家亚里士多德，
提出"传家宝"不仅仅是父亲给予的，而是父母共同给予的。

此后在很多年里，各式各样的理论被科学家们提出—驳回—修改—再提出，
来试图解释物种的相似性原理。
然而在 19 世纪以前，遗传学领域的科学家们仿佛一直在转圈圈。

2
豌豆国王

格雷戈尔·孟德尔 （1822—1884）
奥地利帝国生物学家，现代遗传学之父
提出了遗传学的两个基本定律——
分离定律和自由组合定律

真正把"基因"的概念带给我们的其实是一位神父。

1822 年，一个小男孩出生在
奥地利帝国西里西亚（今属捷克）的乡村里。

这个小男孩就是"现代遗传学之父"，
遗传学的奠基人——格雷戈尔·孟德尔。

现在大家看到的，
就是改变人类未来的
小孩。

青年时期的孟德尔因为家庭贫困，不得不放弃学业，

住进了修道院，成为一名举着十字架的神父。

可他渐渐发现，自己并不能胜任神父这个职业，

他的性格温和又敏感，

在面对穷困潦倒的居民时，常常心痛不已。

孟德尔 29 岁时，决定前往维也纳大学深造，

目标是成为一名光荣的人民教师。

在大学期间孟德尔领略到了生物学的奇妙，

对不同物种的相似性分类产生了极大的兴趣。

于是他不再执着于成为一名教师，

而是选择回到修道院，潜心进行生物学实验。

实验的第一项：挖个坑、埋点土、种豌豆！

没想到，这一种就是八年。

孟德尔在种植的过程中发现，
有的豌豆长得高，有的豌豆长得矮，
有的豌豆开紫色的花，有的却是白色的……
于是细心的孟德尔开始思考，
为什么会出现这些差异呢？

相同植物开出不同的花朵，主要原因在于果实形成的过程。
植物开花结果需要将雄蕊上的花粉传送到雌蕊上，
于是穿梭在花间采蜜的蜜蜂成了它们最好的"快递小哥"。
（如果花朵没有完成花粉传递，是不会长出果实的哦。）

但不是所有植物都这么热情哦，
豌豆就是个超级无敌"自闭症患者"，
不愿意接触所有的"快递小哥"。
长此下去，豌豆灭绝了怎么办？！
别担心，豌豆的神奇之处就在于，
它的雄蕊和雌蕊在同一朵花里，
可以独自完成授粉，授粉结束才会开花。

当时，豌豆这种神奇的构造帮助孟德尔更快发现遗传的本质。
为了揭开遗传的奥秘，孟德尔开始了漫长的种豌豆事业。
他要做的第一件事，就是不让豌豆花自我授粉，而是由他充当"快递小哥"。
种豆、授粉、收豆、再种豆……八年的时间里，
他详细地记录着每一代豌豆花朵的颜色和特征。

终于，功夫不负有心人，孟德尔通过研究豌豆，

总结出了遗传学的两个基本定律：分离定律和自由组合定律。

然后提出了最初代表基因概念的名字——遗传因子，

也就是我们前面提到的"传家宝"。

那么，遗传因子是什么呢？

孟德尔认为遗传因子在每个生物体内以"成对"的形式存在，

一个来源于父亲，一个来源于母亲，

两个遗传因子谁更强，谁就决定了这个生物的性状。

就好像豌豆的花朵，

若紫花的遗传因子更强（命名为 A），

白花的遗传因子较弱（命名为 a），

A 和 a 配对后产生的第一代（命名为 F1）花朵，

便拥有 Aa 一对遗传因子，

而花朵的颜色就是紫色。

至于白花的遗传因子是怎么组合的，
你先来动动脑筋想一想，
然后画出正确的卡通小人吧。

白花的两个遗传因子一定都是 aa，你猜对了吗？

接下来，孟德尔继续他种豌豆的生活。

他发现 F1 的下一代，也就是 F2 代，花朵既有紫花也有白花，

而且紫花和白花的比例是 3：1，

也就是说在 4 朵花中，有 3 朵紫花、1 朵白花。

至此，孟德尔提出了分离定律。

分离定律

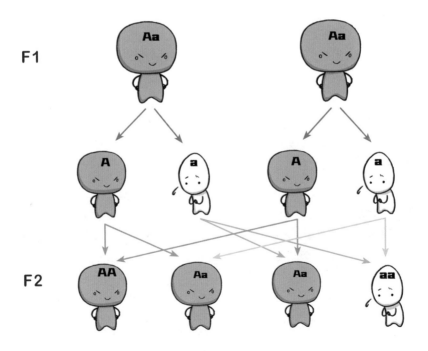

那另外一条自由组合定律又是什么意思呢?

它比分离定律稍微复杂一些,就是豌豆花不只分为白花、紫花,

还分为"高个子"和"矮个子",

而 F1 代之后又生出 F2 代、F3 代、F4 代……

它们的高矮、颜色是随机自由组合的。

孟德尔自信满满地将分离定律和自由组合定律公布于众,

可惜在那个时代并没有被大家重视,

轰动生物界的大发现最后竟连个水花都没有。

你以为孟德尔会就此死心?

不!他很淡定地将目光放眼于未来:"我的时代终会到来。"

时间来到 1900 年，三位生物学家——

雨果·德弗里斯、卡尔·科伦斯、埃里克·冯·切马克

发现了孟德尔的研究论文，

他们无比惊讶，原来自己研究的东西早就被孟德尔研究得明明白白了。

虽然研究了个寂寞，但三位生物学家达成了一致意见，

将两个定律命名为"孟德尔定律"，以此表达对孤独伟人的敬意。

"孟德尔定律"的发现具有划时代意义，

它为后续基因科学的探索奠定了理论基础。

位于捷克布尔诺的圣托马斯修道院，现已改为孟德尔纪念馆。

人们为了纪念这位伟大的遗传学家，

在纪念馆门口的土地上，至今仍种植着豌豆苗圃

3
人类驾到

查尔斯·罗伯特·达尔文 （1809—1882）
英国生物学家，进化论奠基人
划时代著作：《物种起源》

思想和研究都超前的孟德尔并未得到所在时代的认可，

　　而同时代另一位生物学家达尔文，

　　竟也忽略了孟德尔发表的研究成果。

不妨设想一下，如果达尔文仔细看了孟德尔的研究，

　　那么以他对生物学的敏锐洞察力，

　　肯定知道这是一篇多么重要的文章。

　　作为同时代的两位学者，

　　如果能面对面交流一番，

　　必定能使基因科学、

　　生物学的研究前进一大步。

不好意思，刚上岗，业务不太熟练。

等等……你不会要问我达尔文是谁吧？

达尔文是英国生物学家，是进化论的奠基人，

是与哥白尼、牛顿和爱因斯坦齐名的四大科学巨匠之一。

他提出的进化论与孟德尔定律结合，奠定了"现代综合进化论"的基础。

现代综合进化论

虽然孟德尔定律发表时没有什么反响，但达尔文进化论一提出就备受关注，

可谓是一石激起千层浪，差点引发"人神"战争。

19 世纪，由于宗教、历史等原因，

关于人类起源最盛行的是"神造论"，

认为人是上帝创造的。

在中国神话故事里，

也曾提到人类是

由创世神女娲用泥土捏的、

用绳子蘸泥水甩出的。

现在的你们，肯定把这些当作有趣的故事来听，
但是在当时的社会环境下，"神造论"的地位不可动摇。
达尔文通过学习和研究，最后排除万难，提出进化论，
摧毁了上帝创造世间万物的思想。

究竟是什么契机，
让达尔文开始思考并研究进化论的呢？
这就要从他开始环球航行说起。

1831 年冬季，达尔文与探险队乘坐贝格尔号军舰从英格兰西南岸出发，

作为同行的博物学家，

达尔文最初的任务是沿途采集、鉴定一些有价值的标本。

邮票上的达尔文与贝格尔号

小朋友们，你们是不是也觉得出海探险很酷？

然而现实却是，海上很危险，生死全靠运气。

达尔文的运气很好，只不过晕船让他十分痛苦。

据说达尔文为了克服晕船，

居然全身心地投入学习研究《地质学原理》一书中，

最后竟然还成功了！

不管达尔文克服晕船的事是不是真的，

无论他精神状况怎样，只要进入全新的领地，

达尔文就会立刻抖擞精神，积极收集动植物标本。

在收集的过程中，达尔文发现了不少新物种。

那时候的达尔文，已经对自然科学有了更深层的认识，

甚至对不同物种的基因遗传及变异特征有了朦朦胧胧的概念。

达尔文　　　　　　　　推广 ﹀
万能的朋友圈，请给我来一沓动植物专家。

查看详情 ✐

1分钟前　　　　　　　　　　　　▪▪▫

♡ 植物学家01
植物学家02 **我要参加!**
植物学家03 **报名**
动物学家01 **报名+1**
植物学家04 **报名+1**

1836 年，达尔文回到了英格兰，
把五年来收集到的标本逐一进行登记、分类、整理。
达尔文请了很多动植物专家一起来帮忙，
并尝试给发现的新物种命名。

这项工作持续了很久，
在此期间，他开始思考一直盘踞在脑海中的问题：
为什么相隔十万八千里，某些鸟类却长得非常相似？
它们的遗传因子是否相同？
而彼时，他的脑海里已经隐隐约约有了个连他自己都不敢相信的答案——
所有的鸟类很可能都有一个共同的祖先，
只不过在不同环境下，鸟的外形会因为基因改变而略有不同。

比如在食物丰富的地方，小鸟在树叶、草堆里找食吃，所以喙直而长；

而在食物稀缺的地方，小鸟会捕食飞虫，所以喙弯而短。

喙弯弯的小鸟很可能是喙直直的小鸟一次基因突变导致的，

久而久之，那里的直喙小鸟因为吃不到东西渐渐消失了，成了弯喙小鸟的天下。

简而言之，就是生物受不同环境的影响，会产生不同的进化方向。

这其实也是进化论的中心思想：物竞天择，适者生存。

1859 年达尔文出版了著作《物种起源》，

书中从遗传、变异等多个生物学领域进行论证，

说明了物种的起源和生命在自然界中的多样性与统一性，

也让当时的人们认识到基因在遗传和变异中的核心地位。

生命不是神
创造的！

接下来，让我们做一件事，把上面说的小鸟换成人类。

原本只会爬树的类人猿由于基因突变，出现了可以直立行走的个体。

后来它们的生存环境发生了改变，树木逐渐减少，

只会爬树的类人猿就渐渐消失了。

而那些直立行走的个体则更能适应环境变化，

一直繁衍下去，生生不息。

许多许多年后，直立行走的个体探险到了很多地方，

进化出不同的人种，最终有了现在的我们。

这就是达尔文的基本观点：

人类是由类人猿进化而来的，是物种进化的产物。

不过严格说来，类人猿还不能算是人类最早的祖先，
这仅是人们通过考古发现的猿类化石推理出来的。
目前公认的人类祖先是南方古猿。
但是南方古猿又不是孙悟空，
能从石头里蹦出来，它肯定也有祖先。
"爸爸的爸爸叫爷爷……"，
那南方古猿的爸爸又是谁呢？

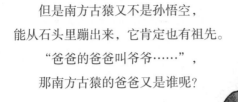

爸爸的爸爸叫爷爷，
爸爸的哥哥
叫伯伯……

1871 年，达尔文在另外一本著作《人类起源》中给出了答案：
"人类是由某种低级类动物发展而来的。"
一时间，世界炸锅了。

达尔文对比了人类和一些哺乳动物的共同点，
揭示了人与其他动物的亲族关系。
但是由于当时技术有限，
他的很多理论都是靠推测而来的。
即便是现在，
一些缺乏证据的理论仍备受质疑。

2009 年，《科学》杂志发表文章，
在埃塞俄比亚发现了距今 440 万年的女性原始人骨骼，
这是迄今为止人类所知最古老的原始人遗骸，
人们还给她取了名字：阿尔迪。
在发现阿尔迪之前，
科学界一直假定：人与黑猩猩最后一个共同的祖先，
其特征更接近黑猩猩，比如用四肢行走。
但阿尔迪的存在说明，
人与黑猩猩的共同祖先是可以直立行走的。
也就是说，黑猩猩后来变成用四肢行走，是"物竞天择"的结果，
而不是继承了祖先的特征。

随着基因技术的发展，
越来越多的科学家从基因科学的角度解释人类的起源。
现在大多数科学家认为，生命的诞生从海洋开始，
所以类人猿最初也可能是由海洋生物逐渐演化而来的。
说不定，很久以前，我们都是海里自由自在的鱼儿。

4
起名大赛

这是我老师！

语出惊人的达尔文收获了许多粉丝，
其中一位还有幸成为他的学生，
这就是荷兰植物学家、遗传学家雨果·德弗里斯。

雨果·德弗里斯 （1848—1935）
荷兰遗传学家，孟德尔定律的重新发现者
提出泛生子学说、突变理论

如果你记忆力超群，一定会想起来，他就是我们前面提到过的，
发现孟德尔早就把他想研究的东西研究了个明白的科学家之一。

德弗里斯在老师身边耳濡目染，
开始探索遗传的奥秘，
这时候的他还不知道早在几十年前孟德尔
就已经发现了遗传因子。
他勤勤恳恳地统计大量植物性状，
最终给遗传因子起了个名字：泛生子。
这个泛生子和遗传因子都是一回事，
都是成对地存在于生物体内，
决定着生物的性状。

当然，德弗里斯除了给遗传因子又起了一个名字，还是有别的重要发现的。

他偶然间发现在月见草丛中竟然有一株变异的巨型月见草，

后来经过实验论证，

他把这种生物在进化过程中产生的变异现象称为"突变"，

这也是"突变"一词首次面世。

关于基因突变，我们后面再慢慢聊。

说完达尔文的粉丝，

我们再来说说孟德尔的粉丝——

英国生物学家贝特森。

威廉·贝特森（1861—1926）

英国生物学家，

他首先采用了"遗传学"一词

他十分推崇孟德尔的遗传学定律，甚至不惜撕破脸，
与当时生物学界的权威们吵得不可开交。
事实证明，真理无法被撼动，
最终这场"学术吵架"以贝特森完胜落幕。

贝特森胜利了，遗传学说创立。
就像天文学家在发现小行星后，
会给它起个名字并公之于众一样，
遗传学说创立后，也刮起一股起名热潮。
1901年，贝特森把成对的遗传因子
取名为"相对因子"。
此后的生物学家像比赛一样，
开始积极地给新概念、新物质起名字。

啊，到底取个
什么名字才能显得
与众不同呢？

要说这其中起名最成功的，还要数遗传学家约翰逊。

德弗里斯给遗传因子起名泛生子，

约翰逊认为这个名字不符合基因的本质，

就把泛生子的英文名 pangene 缩减为 gene，即基因。

科学家们迅速接受了这个名字，并开始在众多文章中使用它。

毫无疑问，这场起名大赛的冠军就是约翰逊！

gene 是英文名，那我们中文"基因"二字又是谁起的呢？

它其实是我国伟大的遗传学家谈家桢院士音译的，

而且这个词在中文里就是基本因子的意思，与基因的本质不谋而合。

本作者宣布，这场起名大赛，约翰逊与谈家桢院士并列冠军！

至此你们已经了解了"基因"的由来，

接下来让我们继续探索，

一起揭开基因的神秘面纱，一起去解读生命。

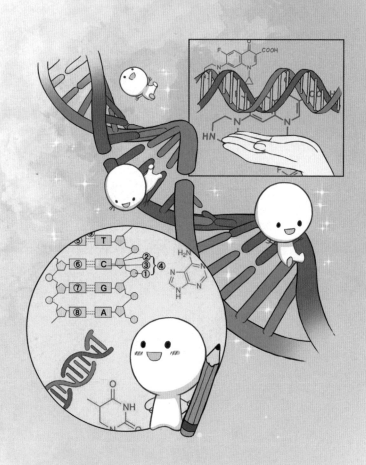

第二章

基因是什么

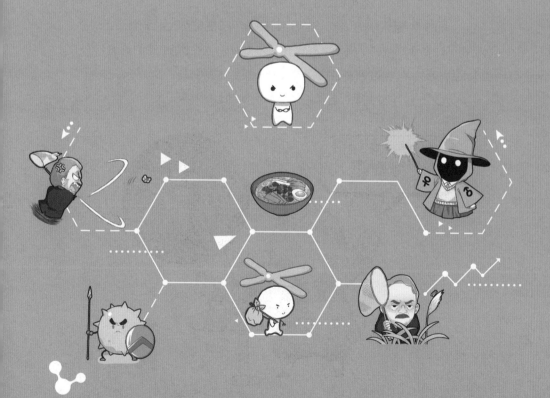

1

细胞：这个
房子不一般

如果我们把基因当成小朋友，

那么在了解这个小家伙之前，我们需要知道它住在哪里。

基因的房子我们称作"细胞"。

1665 年英国人罗伯特·胡克用自制的显微镜观察软木组织，

发现了许多蜂窝状的小格子，并将其命名为 cell，也就是细胞的英文名。

cell 原本的中文含义是小室、小房间，

其实也很符合胡克最初看到的细胞的样子。

> 软木原来是这些小格子组成的啊，就叫它"cell"吧！！

虽然胡克对于细胞的发现做出了巨大贡献，
但是由于当时技术手段和科学知识的缺乏，
他看到的其实不是真正的活细胞，
而是已经死亡的软木组织。
那么，真正看到细胞的人是谁呢？

17 世纪，在胡克给细胞取名 "cell" 的时候，
荷兰科学家安东尼·范·列文虎克制造出了世界上第一架光学显微镜，
这可比其他人做的显微镜都要先进呢。
1674 年，列文虎克首次观察到活细胞，
成功推开了进一步探索生命科学的大门。
列文虎克也因此成为英国皇家学会的一名会员。

认识细胞有多重要呢？

可以这么说，世界上大部分的生命体都是由细胞构成的。

不同细胞的形态、大小都不同，甚至相差极大。

有的小到肉眼看不见，

有的则经常出现在我们的餐桌上——鸡蛋，其实是一个细胞。

目前世界上最小的细胞是支原体，直径是 100~300 纳米，

至于最大的，则是鸵鸟蛋，直径是 12~15 厘米，

它们俩的大小差距，就好比一滴水和整个长江！

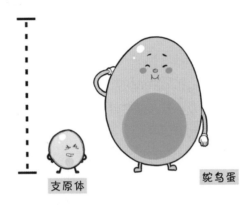

支原体　　　　　鸵鸟蛋

既然生命体都是由细胞构成的，那我们的身体也不例外。

人体由 40 万亿 ~60 万亿个各种各样的细胞组成，

其中最大的细胞是卵细胞，直径大约是 200 微米，

最小的是淋巴细胞，直径仅有 6~8 微米。

淋巴细胞

卵细胞

细胞作为基因的房子还承包了传递基因的工作。

德国病理家鲁道夫·魏尔肖曾经提出过"细胞皆源于细胞"，

也就是说所有的细胞都是由最初的细胞一分二，二分四，分裂而来的。

在细胞分裂的过程中，也把基因传递了下去。

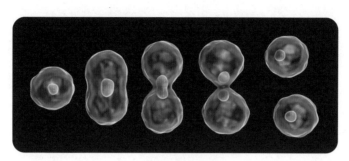

细胞分裂过程

随着细胞的发现与显微镜制作工艺的提升，人们也发现了细胞的内部结构。

大部分细胞有细胞核，但是我们常常提到的红细胞却没有。

因为我们的红细胞存在于血液里，负责给我们身体各处运输氧气，

为了有更多搬运氧气的空间，也为了能更灵活地在各个犄角旮旯里穿梭，

红细胞在成熟之后就会脱去细胞核。

样子嘛，就像一个游泳圈。

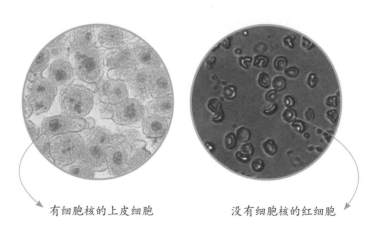

有细胞核的上皮细胞　　　　　　没有细胞核的红细胞

细胞核就像玩具车的遥控器一样，控制着细胞的活动。
而在幕后控制"遥控器"的，正是包裹在细胞核内的染色体，
也就是基因存在于生命体内的一种形式。
简单来说，细胞里面有细胞核，细胞核里有染色体，
而染色体，就是基因的稳定存在形式。

2

染色体：
几百个基因
开派对

现在大家已经认识了基因的房子——细胞，
接下来我们说说基因的两副面孔。
基因一共有两种存在形式——染色体和染色质。
其实这俩啊，是同一种物质，
只不过它们呈现出的形状略有不同。

染色质是串珠状的长丝

染色体呈棒状

是不是有点摸不着头脑？

让我们举个简单的例子吧。

基因就好比是一个面团，如果把它拉成长长的条状，就变成了面条；

如果把它搓成短粗的棍状，再将两根棍螺旋拧在一起，就变成了麻花。

面条好比染色质，而麻花就好比染色体，

虽然它们形状不同、名字不同，但都是面团做成的。

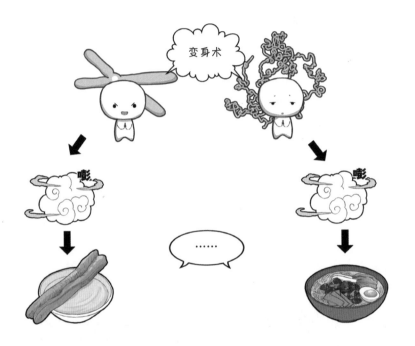

既然是同一种物质，为什么会出现染色体和染色质两种形式呢？

在漫长的基因探索中，科学家们终于发现细胞在一分为二的时候，

基因也会随着分裂到两个细胞里。

在分裂前，基因都是以染色质的形式存在于细胞里的，

就好像一坨乱糟糟缠在一起的面条，很难被分开。

那怎么办呢？细胞灵光一闪，啪嗒！一个响指！好方法来了！

细胞决定把染色质全都拧成短粗短粗的染色体！

短粗的染色体很容易跟随细胞分裂到两个新细胞里，

而新分裂出来的细胞里的基因一模一样，这也就保证了遗传物质的稳定传代。

总结一下，就是在细胞分裂时染色体才会出现，

一旦分裂完成，染色体就慢慢拉长，变成松散的染色质存在于细胞中。

新细胞

新细胞

魔法！

我们人类的染色体是成对出现的，

一共有 23 对，其中 22 对是男女都有的，

另外一对染色体十分特殊，我们称之为性染色体。

性染色体决定了我们的性别。

其实不光是人类，

生物界大多数哺乳动物的

性别都是由性染色体决定的。

"染色体"这个名字是德国科学家冯·沃尔德耶－哈茨取的,
意思就是可以被特殊染料染颜色的物体。
而他的同事,西奥多·波弗利于 19 世纪 90 年代提出——
基因存在于染色体上。
当时,世界各地的科学家们都在积极地探索基因。

冯·沃尔德耶－哈茨

观点已经提出来了,
接下来就要通过实验来证明了。
1928 年,美国遗传学家托马斯·亨特·摩尔根
通过"果蝇杂交实验"
证实了染色体确实是基因的载体,
创立了染色体遗传理论。

托马斯·亨特·摩尔根 (1866—1945)
美国遗传学家,遗传学之父
创立了基因理论和染色体遗传理论,
提出了基因连锁与交换定律

摩尔根从 1905 年左右就开始饲养果蝇，养了很多很多年。

果蝇是苍蝇的一种，它的染色体十分简单，只有 4 对，

而且它繁殖快，十分适合用来研究基因科学。

正常的果蝇眼睛是红色的，但是一次偶然的机会，

摩尔根发现有一只白色眼睛的果蝇，

于是他把红眼果蝇和白眼果蝇放在一起配对，

它们的后代再生后代，

结果它们后代中红眼、白眼果蝇的比例正好是 3 ∶ 1，

完美符合孟德尔遗传定律！

你就不能换个研究对象吗？

这个发现极大地鼓舞了摩尔根继续思索基因与染色体的联系。

他通过观察发现，白眼果蝇都是雄性的，

这就意味着决定眼睛颜色的基因，存在于决定性别的染色体上。

1910—1912年，摩尔根通过不断尝试，

不仅证实了染色体是基因的载体，同时也证实基因是遗传性状的基本单位。

凭借这些发现，摩尔根获得了1933年诺贝尔生理学或医学奖。

除了科学研讨会，摩尔根对于其他集会都不感兴趣，

所以他也没有到瑞典出席颁奖仪式

自此，基因科学的研究踏入了新的征程。

但在这之前，还有一个问题让人十分好奇，

那就是基因究竟长什么样子？

这又牵连出很多其他问题：

它在染色体上是以什么形状存在的？

许多基因都挤在几十条短短的

染色体上开派对会不会互相打架？

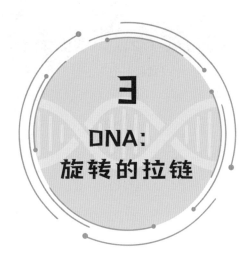

3

DNA:
旋转的拉链

人们通过提取细胞里的染色体检测出其成分是蛋白质和核酸。

蛋白质大家都不陌生，我们平时喝的牛奶、吃的鸡蛋都含有丰富的蛋白质，

它是构成生命的重要部分。

而核酸这个物质，则需要详细给大家介绍一下。

核酸是脱氧核糖核酸（DNA）和核糖核酸（RNA）的总称。

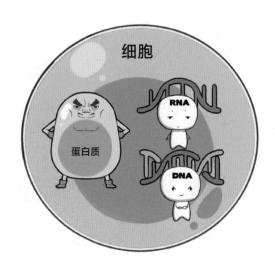

由于 DNA 是我们人类携带遗传信息的主要功臣，

所以我们主要来了解一下 DNA 吧！

DNA 由很多个核苷酸相连而成。

为了好理解，

我们可以把 DNA 看作一串糖葫芦，

它上面的一颗颗山楂就是一个个核苷酸，

而每颗山楂又有三个山楂核，

它们分别叫碱基、核糖和磷酸。

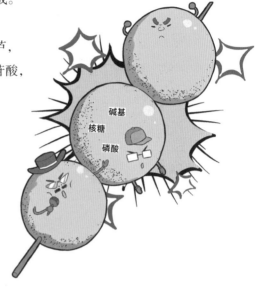

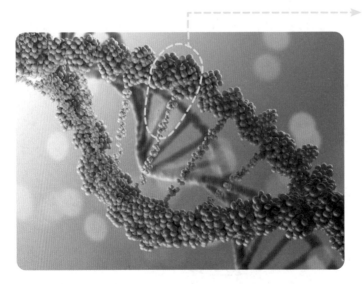

看，这部分就是
一个核苷酸

1952 年英国科学家富兰克林在从事 DNA 的化学结构研究的时候，

拍摄到了清晰的 DNA 衍射照片。

这张照片也被后来的生物学家称为"有史以来最迷人的 X 射线照片"。

（X 射线就是我们医院里拍片子使用的射线）

第二年，她提出 DNA 是一种对称结构，非常有可能是螺旋状相互环绕而成的。

虽然这种理论后来被推翻了，

但是她做的这些极大地推动了生物学界对 DNA 结构的揭秘进程。

罗莎琳德·富兰克林 （1920—1958）
英国分子生物学家

X 射线拍摄的
DNA 衍射图片

基于富兰克林拍摄的 X 射线照片，

英国剑桥大学实验室里的克里克和沃森开始研究 DNA 的结构。

二人已经默认 DNA 是三条缠绕在一起的螺旋，

于是他们尝试做出实体模型。

就好像我们玩的乐高积木一样，他们一层一层地进行拼接，

在完成最后一块积木后，他们兴奋地去请富兰克林老师过来看。

弗朗西斯·克里克

詹姆斯·沃森

如果克里克和沃森能未卜先知的话，他们肯定不会去请富兰克林。

模型看起来摇摇欲坠的，很快就要散架了，

完全不符合基因需要稳定传代的特点。

富兰克林看到了模型之后非常生气。

被骂了一顿的克里克和沃森有些消沉，

但是他们对 DNA 结构探索的热情并没有被浇灭。

终于，在一次次探索与尝试中，

他们发现 DNA 可能是两条螺旋缠绕，而不是三条。

经过反复实验，二人于 1953 年正式提出 DNA 的双螺旋结构，

和相对论、量子力学一同被誉为 20 世纪最重要的三大科学发现。

1962 年，凭借发现 DNA 双螺旋结构，
克里克、威尔金斯、沃森三人获得诺贝尔生理学或医学奖

接下来，让我们好好感受一下 DNA 双螺旋结构的精妙之处。

首先，DNA 两条链上的碱基通过 A–T，G–C 的对应方式相连，
保证链条不会轻易受外力而散架。

其次，这条双螺旋拧成了"弹簧"，大大缩短了 DNA 的长度，
让更短的 DNA 可以含有更多的基因。

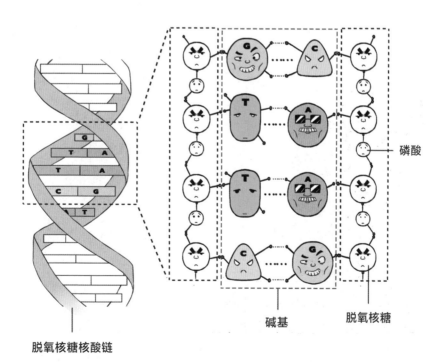

磷酸

脱氧核糖核酸链

碱基

脱氧核糖

至此，DNA 结构的秘密就这样被揭开啦。

看到这里，你们会不会生出一个疑问——

既然细胞分裂时，基因也跟着分到新的两个细胞里，

那会不会导致新的细胞里，只有原细胞一半的基因？

恭喜你！你跟生物学家尼古拉·科尔佐夫想到一块去了！

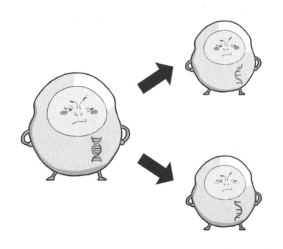

尼古拉·科尔佐夫早在 1927 年就提出了半保留复制假说。

比如我们有一个香蕉细胞，那么这个细胞里，

肯定会有香蕉皮 DNA 和香蕉肉 DNA 是不是？

假如香蕉细胞分裂成两个，

就可能一个细胞分到了香蕉皮 DNA，

另一个细胞分到了香蕉肉 DNA。

那结出来的果实岂不是乱套啦？

来个盲盒吗？

别担心，聪明的细胞当然不会允许这种事情发生。

在细胞准备分裂前，会突然疯狂加班，

提前复制出一套跟自己一模一样的 DNA 出来。

等细胞分裂时，

就会有两套完整的 DNA，平分给两个新细胞。

科学家们接下来又想知道 DNA 复制方式是怎样的，

是把 DNA 拆散成单个的核苷酸，像复印机一样，一个一个复制，再拼接？

还是按照基因的片段，先复制香蕉皮的 DNA 序列，

再复制香蕉肉的 DNA 序列？

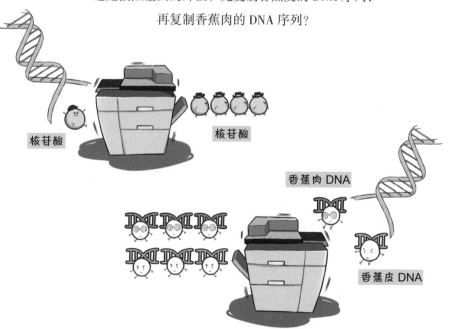

解决这个难题的正是尼古拉·科尔佐夫。

但是他的答案并没有引起当时生物界的重视，

直到后来克里克和沃森搭建还原出了 DNA 的本来结构，

复制问题才又有了进一步的解释。

他们对 DNA 复制方式进行了"案件重演"。

因为 DNA 的四种碱基是两两对应的，

A 只能跟 T 连接，C 只跟 G 连接，

那么说明，

如果我们知道 DNA 两条链中其中一条的碱基序列，

就可以写出另外一条。

现在让我们做一个游戏吧，

我提供一条 DNA 单链的碱基顺序，你们试着写出另外一条。

A–T–A–G–C–G–T

是不是很简单？

没错，另外一条互补链就是 **T–A–T–C–G–C–A**

所以只要我们知道了一条链，就能得到双链 DNA 的所有碱基信息。

也就是复制过程中很可能是 DNA 双链先分开，

然后再根据对应的原则，互相配上新的单链。

就好比我们先把拉链拉开，再给两条单向拉链分别配上新的拉链。

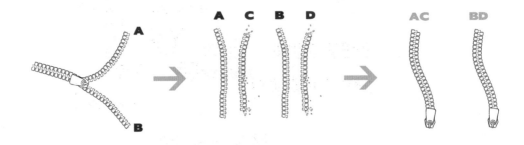

后来，美国科学家马修·梅塞森和富兰克林·斯塔尔
也通过实验证明了 DNA 的这种半保留复制方式。
至此，在众多科学家的不懈探索下，
基因以及它的传递方式已经展示在人类眼前，
而这小小的双螺旋，即将改变人类的现在和未来。